# Où est L'Univers?

par : P.J. Staz

© 2021 P.J. Staz. Tous droits réservés.

# Dédicace

À ma famille proche ici sur Terre
et ceux au-delà des étoiles.

# La Planète Terre

Le voyage commence dans un coin microscopique de l'Univers observable, au-dessus d'une planète appelée Terre. Cette planète possède de nombreux écosystèmes humides, secs, brûlants et gelés qui abritent la vie.

Bien que l'on ne voie généralement que la Lune, les nuages et les étoiles lorsqu'on regarde depuis la surface, il y a des milliers d'autres choses qui tournent autour et loin de cette planète unique, et toutes ne sont pas naturelles.

Cela comprend des satellites, des engins spatiaux comme des fusées, et même une station spatiale qui accueille des astronautes depuis plus de 20 ans. Il y a également beaucoup de débris spatiaux, de pièces cassées et de déchets qui encombrent cette zone.

Où se trouve la planète Terre ?

# Le Système Solaire

La Terre se trouve dans une zone connue par les habitants sous le nom de Système Solaire. Une poignée d'autres planètes de toutes tailles, de nombreuses lunes et comètes la rejoignent en orbite.

Il existe également un anneau massif d'astéroïdes d'où proviennent les météores.

Tous ces objets tournent autour d'une étoile appelée le Soleil, que l'on peut voir pendant la majeure partie de la journée (sauf si le temps est nuageux bien sûr). Cette source d'énergie massive émet une lumière solaire intense qui met seulement 8 minutes à atteindre la Terre.

Où se trouve le système solaire ?

# La Ceinture de Kuiper

Autour du système solaire se trouve une formation rocheuse connue sous le nom de ceinture de Kuiper. On dirait un éparpillement de beignets givrés et glacés.

Cette région abrite également trois planètes.

Pluton est la plus grande et possède cinq lunes.

Les deux autres planètes sont plus petites. Haumea, de forme ovale, et Makemake, de couleur rougeâtre, ne font tous deux que 1280 à 1930 km de large.

Où se trouve la ceinture de Kuiper ?

# Le Nuage de Oort

Bien au-delà de la ceinture de Kuiper se trouve une épaisse bulle d'astéroïdes gelés appelée le nuage de Oort. Certaines de ces roches ont la taille des montagnes que l'on trouve sur Terre !

Cette zone s'est formée lors de la naissance du système solaire et constitue un réservoir de comètes qui gravitent autour du Soleil.

Où se trouve le nuage de Oort ?

# Le Voisinage Solaire

La ceinture de Kuiper et le nuage de Oort ressemblent à de minuscules disques en rotation dans cette zone de l'espace connue sous le nom de voisinage solaire.

Plus de 100 000 étoiles de toutes tailles et couleurs voisines du Soleil. Au-delà, le Soleil ne brille pas.

Où se trouve le voisinage solaire?

# La Voie lactée

Bien au-delà de la portée des rayons du Soleil se trouve la Voie lactée. Plus de 500 milliards d'étoiles et planètes tourbillonnent dans cette zone et elle constitue la frontière extérieure officielle de cette galaxie particulière.

Certaines de ces planètes pourraient être semblables à la Terre, tandis que d'autres sont inhabitables ou simplement désertiques à ce moment de la jeune histoire de l'Univers.

Plus de 90% de cette zone de l'espace est constituée de matière noire qui ne peut être vue. Le reste n'est qu'une couche massive et spiralée de lumière brumeuse, le tout lié par une gravité tourbillonnante.

Où se trouve la Voie lactée?

# Le Groupe Local de Galaxies

Il y a plus de 50 galaxies comme cette Voie lactée dans le Groupe local. Ces zones extragalactiques de l'espace possèdent de multiples galaxies satellites, toutes regroupées autour d'un centre gravitationnel commun.

Il s'agit de la dernière formation avant d'atteindre des couches encore plus grandes de l'espace.

Où se trouve le Groupe local de galaxies ?

# Le superamas de la Vierge

Le superamas de la Vierge est une concentration de massive de plus de 100 galaxies locales.

Chaque nuage tourbillonnant représente un amas de galaxies, et entre eux se trouvent de grands vides d'espace bouillonnants. Cette zone n'est même pas la plus grande, car on estime qu'il y a 10 millions de superamas dans l'Univers!

Où se trouve le superamas de la Vierge et tous les autres comme lui?

# El Supercúmulo de Laniakea

Le superamas de la Vierge se trouve dans la vaste zone connue sous le nom de Laniakea.

Laniakea est le terme hawaïen pour « ciel immense » et il rend hommage aux navigateurs polynésiens qui utilisaient la connaissance des étoiles pour voyager dans l'océan Pacifique.

Il est composé de galaxies très denses, mais aussi de secteurs totalement vides où l'on ne peut même pas trouver des grains de poussière spatiale.

Où se trouve Laniakea ?

# La Toile Cosmique

La toile cosmique est la plus grande couche qui englobe tout, du Soleil jusqu'aux confins de l'espace. Tous ces fils de superamas sont séparés par un vide gigantesque.

Les fragments d'énergie, les ondes gravitationnelles et les particules sont les blocs de construction fondamentaux qui forment l'Univers observable.

Et c'est tout. Cela ne va pas plus loin.

Mais on l'a dit précédemment, qu'y a-t-il au-delà ?

## Où est l'Univers ?

# Au-delà de l'univers observable

Une très bonne question à laquelle on peut répondre de plusieurs façons :

Un fond cosmique de micro-ondes.

Le bord du Big Bang en expansion.

Mais la vraie réponse est : À découvrir.

Au fur et à mesure que des scientifiques, physiciens, astronautes, ingénieurs et astronomes courageux continueront à explorer et à chercher plus loin, des réponses plus impressionnantes viendront.

Pour l'instant, tout ce que l'on peut faire, c'est lever les yeux au ciel avec admiration et imaginer ce qui se trouve au-delà de l'Univers.

# Page de Remerciements

Un remerciement spécial et universel et une reconnaissance à tous les astronomes, chimistes, astronautes, biologistes, universitaires, explorateurs, théoriciens, techniciens, ingénieurs, découvreurs, physiciens et visionnaires collectifs dont le travail dévoué de toute une vie a inspiré ce projet.

On peut en citer beaucoup à titre de référence, mais en soulignant les suivants :

Galileo Galilei, Nicolaus Copernicus, Roberta Bondar, Isaac Newton, Margaret J. Geller, Johannes Kepler, Jan Oort, Edwin Hubble, Noam I. Libeskind, R. Brent Tully, Hélène Courtois, Yehuda Hoffman, Daniel Pomarède, Carolyn Porco, Bruno Coutinho, Gérard Henri de Vaucouleurs, Arno Penzias, Robert Wilson, Nancy Grace Roman. Moriba Jah et Carl Sagan.

# À Propos de L'auteur

P.J. Staz est un être humain. Il réside actuellement sur Terre.

www.ingramcontent.com/pod-product-compliance
Lightning Source LLC
Chambersburg PA
CBHW051832210526
45473CB00005B/1843